Bianca Spindler

Gedenkstätten: Kriegerdenkmal, Soldatenfriedhof, Museum und Dokumentationszentrum

GRIN Verlag

Bibliografische Information der Deutschen Nationalbibliothek:

Die Deutsche Bibliothek verzeichnet diese Publikation in der Deutschen National-
bibliografie; detaillierte bibliografische Daten sind im Internet über http://dnb.d-
nb.de/ abrufbar.

Impressum:

Copyright © 2007 GRIN Verlag, Open Publishing GmbH
Druck und Bindung: Books on Demand GmbH, Norderstedt Germany
ISBN: 978-3-640-78388-5

Geographisches Institut

Projektstudie „Erinnerungsorte des 2.Weltkrieges"

Gedenkstätten:

Kriegerdenkmal, Soldatenfriedhof, Museum und Dokumentationszentrum

Inhaltsverzeichnis

1. Estland, Russland und die Statue

Ende April diesen Jahres entbrannte ein Streit zwischen Russland und Estland wegen der Verlegung eines Kriegsdenkmals aus dem Stadtzentrum Tallinns an den Stadtrand. Der Konflikt zwischen Politikern beider Länder wurde von wochenlangen Demonstrationen begleitet und gipfelte in Unruhen mit Verletzten und Gefangen. (Russische Informations- und Nachrichtenagentur Novosti: 01.05.2007) Doch was hatte zu diesem Konflikt geführt? Seit 1947 stand das Denkmal des sowjetischen Befreiungssoldaten im Stadtzentrum Tallinns für den Sieg der Roten Armee über die Truppen Hitlers im 2. Weltkrieg. Während es für eine russische Minderheit in Estland ein wichtiges Symbol gegen die Unterdrückung durch den Nationalsozialismus darstellte, stand dasselbe Denkmal für die estnische Bevölkerung für die ehemalige russische Besatzungsmacht. Die Verlegung der Statue hatte die Beziehungen zwischen Russland und Estland verschlechtert. Nachdem am 27. April diesen Jahres das Denkmal abmontiert worden war folgten Massenunruhen in denen mehr als tausend Menschen festgenommen wurden. Russische Jugendliche blockierten die estnische Botschaft in Moskau und der Oberbürgenmeister Moskaus forderte einen Boykott für Estland. Von Seiten russischer Politiker und Bürger wurde Estland mit dieser Tat eine faschistische Grundhaltung unterstellt. (NZZ Online) Seit dem 30. April diesen Jahres steht das Denkmal des sowjetischen Befreiungssoldaten auf einem Soldatenfriedhof in Tallinn. (Russische Informations- und Nachrichtenagentur Novosti: 30.04.2007)

Die weit reichenden Folgen verdeutlichen, dass es in diesem Streit um weitaus mehr ging als um die simple Verlegung einer Bronzestatue. Bedeutend in diesem Fall sind die unterschiedlichen Symboliken der sich gegenüber stehenden Menschengruppen. Die Russen sehen in diesem Denkmal den Sieg über Hitlers Truppen, für sie ist dies also ein Symbol des Stolzes auf die gemeinsame Vergangenheit. Dasselbe Denkmal bedeutet dagegen aus estnischer Sicht die Unterdrückung durch Russland nach dem 2. Weltkrieg. Der Standort des Denkmals war zentral, im Stadtzentrum Tallinns, so dass die Erinnerung an die Besatzung durch die Zentralität des Standortes wach gehalten wurde. Hierbei wird zum einen deutlich, wie stark ein solches Monument Identitätsstiftend sein kann und zum anderen welche Rolle Interpretationen und Bedeutungszuweisungen dabei spielen. Die folgende Arbeit befasst sich mit der Frage, welche Rolle Gedenkstätten im Prozess des Erinnerns spielen und mit welchen Konzepten Museen oder Dokumentationszentren die Vergangenheit für den Besucher aufarbeiten.

2. Erinnerung- Bedeutung für Mensch und Wissenschaft

Wie bedeutend für Menschen Erinnerungen sind, wird deutlich wenn wir bewusst darauf achten, wie oft wir uns an etwas erinnern. Erinnerungen an schöne Momente geben Menschen Kraft und Freude. Beim Durchsehen von alten Familienfotos beschäftigen wir uns mit der eigenen Biographie und damit wer wir sind. Gemeinsame Erinnerungen können Menschen zusammen- oder auseinander bringen und somit soziale Kontakte bestimmen. Doch wir erinnern uns nicht nur an Schönes, sondern ebenso freiwillig an schmerzliche Erfahrungen. Obwohl dabei traurige Gefühle entstehen, sind negative Erinnerungen für uns mindestens ebenso wichtig, wenn nicht sogar wichtiger. Häufig sind sie uns ein Wegweiser, der uns zeigt, wie wir in Zukunft ähnliche Situationen vermeiden oder mit ihnen umzugehen haben. Durch Dokumentationen, Mahnmale und Ausstellungen werden die Erinnerung an den 2. Weltkrieg wach gehalten um uns ein Wegweiser für die Gegenwart und Zukunft zu sein. Sie richten an uns den Appell, die Geschichte niemals wiederholen zu lassen.

In der Wissenschaft etablierte sich in der Wende vom 19. zum 20. Jahrhundert ein Diskurs, in der das Erleben als zentrale Erkenntnisgrundlage Aufmerksamkeit erfährt. (Patzel- Mattern 2002: 7) Durch Aufweichen von traditionellen Normen und Werten und zunehmender Individualisierung rückten die subjektiven Empfindungen des Einzelnen in den Vordergrund. Dabei spielten die Fortschritte in der Medizin und damit die Verbesserung der Lebensbedingungen eine nicht zu unterschätzende Rolle: nachdem es nicht mehr nur um das reine Überleben ging, rückte die Bedeutung der menschlichen Psyche stärker in den Vordergrund. (Patzel- Mattern 2002: 14) Begleitet von der Skepsis gegenüber dem naturwissenschaftlich rational geprägten Menschenbild „betonen subjektivistische Ansätze die kreative Macht der Erinnerung, die den Einzelnen in seiner Persönlichkeit konstituiert und zugleich mit seiner Umwelt vermittelt.". (Patzel- Mattern 2002: 14) „Die Lebensgeschichte wird damit zum Ausgangspunkt jeder Annäherung an eine Geschichte als kollektive Sinnstiftung." (Patzel- Mattern 2002: 18) In diesem Kapitel soll es darum gehen, wie die Wissenschaft die Vorgänge Erinnerung und Gedächtnis definiert.

3. Erinnerung und Gedächtnis

Bei der Frage nach der Bedeutung der Vergangenheit für Gegenwart und Zukunft erschienen in den achtziger und neunziger Jahren zahlreiche Publikationen, die sich mit den Begriffen

„Erinnerung" und „Gedächtnis" im kulturwissenschaftlichen Sinne beschäftigten. Zudem galt es herauszufinden, in welchem Zustand sich die gesellschaftliche Identität befindet und wie sie durch gemeinsames Erinnern geprägt wird. Dabei wird der Blick abgewendet von einzelnen historischen Ereignissen hin zu Konstruktionen, mit deren Hilfe Geschichte gestaltet wird und somit im Jetzt wirkt. Die Begriffe Erinnerung und Gedächtnis werden allerdings häufig fast identisch benutzt. (Patzel- Mattern 2002: 23, 24)

Nach Gall bedeutet historische Erinnerung „den Ursachen eines Gegenwartsphänomens auf den Grund zu gehen. [...] Dieser Prozeß des verstehenden Erinnerns führt im Ergebnis zur rationalen Erkenntnis der Bedingungen der eigenen Existenz, der eigenen Gegenwart." (Patzel- Mattern 2002: 23) Wischermann bemüht sich um eine Abgrenzung der beiden Begriffe gegeneinander und definiert Erinnerung als die individuelle Auseinandersetzung mit der Vergangenheit während Gedächtnis „gemeinschaftliche Vergangenheitssichten zu fassen versucht". (Patzel- Mattern 2002: 24) Erinnerung ist also etwas, das individuell geschieht, Gedächtnis beschreibt Vergangenheitsinterpretationen einer Gruppe oder einer Gesellschaft. Während die Wissenschaft sich vor allem mit kollektiven Gedächtnisphänomenen beschäftigt und diese ausdifferenziert hat, blieb der Erinnerungsbegriff ungenau. (Patzel- Mattern 2002: 24) Man kann eher sagen, dass Gedächtnis eine Form der Erinnerung ist. (Menkovic 1999: 18) Im Folgenden werden einige Gedächtnisformen vorgestellt, die für den Umgang mit Gedenkstätten von Interesse sind.

3.1 Kollektives Gedächtnis

Der französische Soziologe Maurice Halbwachs geht davon aus, dass das kollektive Gedächtnis einen äußeren Bezugsrahmen beschreibt, dessen sich die Menschen einer Gesellschaft bedienen um Erinnerungen zu speichern und abzurufen. Dabei stehen die inhaltlichen Deutungen eines Ereignisses im Vordergrund, die die spezifische Weltsicht einer Gruppe entstehen lässt. (Patzel- Mattern 2002: 25) Das kollektive Gedächtnis entsteht, wenn in Gruppen Geschichte interpretiert wird. Über diese Interpretation und Konstruktion geschieht Identitätsfindung. (Menkovic 1999: 18)

3.2 Kulturelles Gedächtnis

Aufbauend auf der Konzeption des kollektiven Gedächtnisses von Maurice Halbwachs, entwickelte Jan Assmann das neue theoretische Modell des kulturellen Gedächtnisses. Dies stellt eine aktive Konstruktion dar, in der die Gesellschaft durch Texte, Bilddokumente und Rituale in Bezug auf ihre einzigartige Geschichte ihr Selbstbild stabilisiert. Besondere Bedeutung dabei nimmt ein Kanon ein, in dem gelebte Erinnerungswerte schriftlich festgehalten werden und über zeitliche Grenzen hinweg den Mitgliedern der Gesellschaft zugänglich sind. (Patzel- Mattern 2002: 27) Allerdings dient das kollektive Gedächtnis nicht nur zur Selbstidentifikation, sondern ermöglicht auch den Umgang mit der Gegenwart, indem es durch Rekonstruktion des Wissens auf aktuelle Problemstellungen bezogen werden kann. (Patzel- Mattern 2002: 28)

3.3 Nationales Gedächtnis

In Konzeptionen des nationalen Gedächtnisses werden politische Ordnungssysteme in Frage gestellt. Diese werden als historische Konstrukte definiert. Im Mittelpunkt des Interesses stehen Rituale und Monumente, die die politische Organisation in Bezug auf die Vergangenheit legitimieren. Thomas Nipperdey interpretiert Denkmäler als Selbstvergewisserung und Bestätigung des Nationalstaates. (Patzel- Mattern 2002: 34)

4. Gedenkstätten- Orte der Erinnerung

Gedenkstätten sind Einrichtungen, die sich auf ein bestimmtes historisches Ereignis beziehen und dazu Stellung nehmen. In ihnen spiegelt sich die Grundhaltung der Gesellschaft und des aktuellen politischen Systems gegenüber einem bestimmten historischen Ereignis wider. Sie reflektieren kritisch ein Ereignis der Vergangenheit. Positive Ereignisse werden gewürdigt, negative Ereignisse werden kritisiert und der Betrachter oder Besucher ermahnt, aus der Vergangenheit zu lernen. (Menkovic 1999: V)

Gedenkstätten wie Kriegerdenkmale, Soldatenfriedhöfe, Museen und Dokumentationszentren stellen unterschiedliche Formen des Gedenkens dar. In diesem Kapitel sollen diese Orte vorgestellt und deren Zweck erläutert werden. Ich setze dabei meinen Schwerpunkt auf die Zeit nach dem 2.Weltkrieg, da diese Zeit thematischer Schwerpunkt des Seminars ist, nehme aber auch Bezug auf weiter zurückliegende geschichtliche Epochen, sofern dies die Entwicklung einer Gedenkstätte beschreibt.

4.1 Kriegerdenkmal

Die Darstellungen in Form von Kriegerdenkmälern unterlagen den gesellschaftlichen, politischen und militärischen Bedingungen der jeweiligen Zeit. Während im 18. Jahrhundert ein Denkmal zu Ehren eines siegreichen Monarchen aufgestellt wurde, rückte ein Jahrhundert später der einzelne Soldat in den Blickpunkt. Trotz der hierarchischen Strukturen sollte mit Hilfe der Denkmäler die Gleichheit aller Soldaten suggeriert werden und weiteren Generationen Anstoß geben zur Nachahmung. (Menkovic 1999: 23) Insofern sollten Kriegerdenkmäler Identitätsstiftend und den Gefallenen ein Vorbild sein. (Menkovic 1999: 4) Denkmäler wurden in beiden Weltkriegen politisch instrumentalisiert und hoben Disziplin, Männlichkeit, Nationaltreue und Opferbereitschaft hervor. Mit Hilfe von Denkmälern versuchte man die Verluste für Hinterbliebene erträglich zu machen. (Menkovic 1999: 25) Der heroische Einzelkämpfer als Statue sollte über Massensterben und Massenmorden hinwegtäuschen. (Menkovic 1999: 24) Das bestehende politische System rechtfertigte die Toten und den Krieg mit dem Fortbestehen der Nation, wie im Modell des nationalen Gedächtnisses bereits erwähnt. Dies ist vor allem bei besiegten Nationen stark ausgeprägt gewesen. (Menkovic 1999: 25)

Nach dem 2. Weltkrieg erfolgte keine Glorifizierung des Krieges, sondern Verurteilung. Ruinen wurden als Mahnmale stehen gelassen. (Menkovic 1999: 28) Durch Kranzniederlegungen oder andere Rituale wird Erinnerung öffentlich gemacht. (Menkovic 1999: 16)

Man kann sagen, dass sich gemäß dem Konzept des kollektiven Gedächtnisses die Interpretationen eines Kriegerdenkmals unterschiedlicher Gruppen stark unterscheiden können, da solch ein Denkmal häufig allein für sich steht ohne schriftliche Erläuterungen uns somit einen hohen symbolischen Wert besitzt. Während es für die Siegernation ein Zeichen des Erfolgs ist, so ist es für die Besiegten ein Zeichen der Niederlage und Unterdrückung, wie einleitend am Beispiel der Bronzestatue in Tallinn erwähnt.

4.2 Soldatenfriedhof

Ende des 18. Jahrhunderts wurden erste Soldatenfriedhöfe errichtet. Anfangs wurden Soldaten mit höheren militärischen Rängen noch getrennt von niedrigen Rängen begraben, da der Rang über den Tod hinaus noch Bedeutung hatte. Nach der französischen Revolution wurde diese Trennung aufgehoben. Nach dem Massensterben im 1. Weltkrieg wurden Soldatenfriedhöfe verstärkt errichtet, da durch die Einführung von Erkennungsmarken jeder gefallene Soldat eindeutig identifizierbar war und somit in seine Heimat überführt werden konnte. Auf dem Soldatenfriedhof bestimmen christliche Motive die Trauerarbeit. In der Regel werden Kreuze aufgestellt, eine Kapelle ist vorhanden. (Menkovic 1999: 46) Die Gräber sind einheitlich gestaltet, sie zeichnen sich durch Einfachheit aus und Uniformität, die die Entindividualisierung der Gefallenen bezwecken soll. Für gewöhnlich ist Blumenschmuck untersagt, da dieser den erhabenen Tod verharmlosen würde. Soldatenfriedhöfe sind in dreierlei Hinsicht Denkmäler: zum einen ist der Friedhof Denkmal, zweitens sind die Einzelgräber Denkmäler und häufig sind noch Ehrenmale in der Mitte des Friedhofs platziert. (Menkovic 1999: 47)

4.3 Museum

Zur Präsentation der NS- Geschichte im Deutschen Historischen Museum beschreibt Burkhard Asmuss folgendermaßen die Aufgaben: da sich immer wieder die Frage stellt, wie es zu den schrecklichen Taten im NS- Regime kommen konnte, sollte diese Frage nach den Ursachen aber auch nach den Folgen im Museum behandelt werden. (Asmuss 1999: 29) Der Unterschied zu Dokumentationszentren oder anderen Gedenkstätten kann darin liegen, dass diese einen bestimmten Zeitraum, ein bestimmtes Thema intensiver behandeln und interessanter für den Besucher aufbereiten. (Asmuss 1999: 30) Zeitzeugen und Dokumente verschiedener Medien sind eher in Dokumentationszentren anzutreffen als in Museen. Museen stellen keine Konkurrenz zu Gedenkstätten dar, sie sehen sich eher als Wissensvermittler, die für eine tiefer gehende Beschäftigung mit einem bestimmten Thema auf Dokumentationszentren verweisen. (Asmuss 1999: 35) In Museen gibt es stattdessen zeitlich begrenzte Ausstellungen mit thematischen Schwerpunkten. Asmuss beschreibt die Darstellung in Museen sehr treffend als „…Konstrukt der Vergangenheit nach den Bedürfnissen der Gegenwart…“. (Asmuss 1999: 35)

In Museen ist dem Besucher ein gewisser Kanon an Wissen zugänglich, dessen man sich im Sinne des kulturellen Gedächtnisses bedienen kann. Erinnerung wird durch institutionalisierte Kommunikation wach gehalten (Menkovic 1999: 18) und in Museen verständlich transportiert.

4.4 Dokumentationszentrum

In einem Dokumentationszentrum kommt der visuellen Vermittlung eine besondere Aufgabe zu. Bei Fotomaterial ist allerdings darauf zu achten, dass Vorurteile oder Stereotypen seitens der Besucher nicht durch ehemaliges Propagandamaterial bestätigt oder verstärkt wird. (Peritore 1999: 210) Begleittexte sollen aufzeigen, ob es sich bei Bildern um Propagandamaterial oder um die Darstellung der Realität handelt. (Landeszentrale für politische Bildung Rheinland- Pfalz 1995: 3) Besucher eines Dokumentationszentrums wenden möglicherweise für diesen Besuch weniger Zeit auf als für einen Museumsbesuch, daher sollten Begleittexte kurz und klar strukturiert sein und rasch die nötigen Informationen transportieren. (Peritore 1999: 211)

5. Pädagogik in Gedenkstätten des Nationalsozialismus

Thomas Lutz definiert den pädagogischen Zweck von Gedenkstätten über die vier Begriffe „Gedenken- Mahnen- Forschen- Lernen". (Endlich 1995: 16) Gedenkstätten sind nicht allein zum Gedenken da, sondern befinden sich vielmehr in einem Spannungsfeld zwischen dem Gedenken der Opfer und einem politischen Bildungsauftrag. (Endlich 1995: 17)

Das Gedenken an die Opfer wird immer Aufgabe von Gedenkstätten bleiben. Man kann erwarten, dass die Besucher von Museen oder Dokumentationszentren keine Trauerarbeit leisten werden, da sie dort nicht Menschen gedenken, die sie persönlich kannten. Vielmehr wird sich der Besucher in die damalige Zeit hineinfühlen müssen. Er muss die kognitive Arbeit leisten, sich die Geschichte zu erarbeiten und sich somit in Einzelschicksale hineinzuversetzen. Dazu ist es Voraussetzung, dem Besucher genügend Raum und Zeit zum Nachdenken zu lassen. Schwierig dabei ist, das Leid der Opfer nicht zu stark auszureizen, da dies den Besucher überfordern kann. Vielmehr sollte es darum gehen, historische Zusammenhänge zu verdeutlichen und verständlich zu machen. (Endlich 1995: 17, 18) Dietfrid Krause- Vilmar formulierte treffend: „In den Gedenkstätten geht es […] um Zugänge,

Annäherungen, erste Schritte zum historischen Verständnis und zur Vergegenwärtigung der Probleme des Nationalsozialismus. Sie sind [...] Bildungsorte, die zum historischen Denken und Wahrnehmen, zum selbstreflexivem [sic.] Umgang mit der deutschen Geschichte hinführen möchten. (Krause- Vilmar 2005: 2)

Eine weitere zentrale Aufgabe von Gedenkstätten ist das Mahnen: da der Nationalsozialismus von einer weit entwickelten Gesellschaft im 20. jahrhundert hervorgebracht worden ist, kann man theoretisch davon ausgehen, dass sich die Geschichte in einer ähnlichen Form wiederholen könnte. Gedenkstätten werden kaum den Holocaust mit aktuellen politischen oder gesellschaftlichen Vorgängen vergleichen, allerdings soll der Besucher zum Nachdenken über die Gegenwart angeregt werden. (Endlich 1995: 19)

Der sicherlich interessanteste Punkt aus der pädagogischen Perspektive ist der Punkt Lernen. Gedenkstätten sind nicht dazu in der Lage, Tendenzen rechter Gewalt und Meinungen zu bekämpfen. Der Besuch eines solchen Ortes kann Versäumnisse in der Erziehung nicht aufholen. Gedenkstätten sind eher offene Lernorte, in denen inhaltlich und methodisch vielfältiger gearbeitet werden kann als in der Schule: Zeitzeugen, Dokumente, Archivbilder kommen zum Einsatz. (Endlich 1995: 20) Somit wird Geschichte lebendiger und verständlicher. Über den Kanon von dokumentiertem Wissen steigt die Glaubwürdigkeit und Authentizität. Der Besucher soll die Identität der Gesellschaft als ein Teil seiner Identität erkennen und begreifen, dass seine Sichtweisen und sein Handeln mit zur Identitätsbildung der Gesellschaft beitragen.

6. Fazit

An Hand der Ausführungen dürfte deutlich geworden sein, welche Bedeutung Gedenkstätten in Erinnerungsprozessen zukommt. Ohne Gedenkorte würden die Menschen wichtige Elemente der Geschichte Vergessen, unangenehme Zeiten wie den 2. Weltkrieg Verdrängen und eine Vergangenheitsbewältigung vergeblich suchen. In Gedenkstätten wird gezielt erinnert. Geschichte wird aufgearbeitet und bestimmt die Sichtweise jedes Einzelnen, aber auch eine gesamtgesellschaftliche Haltung zur eigenen Vergangenheit. Somit sind Gedenkstätten stark Identitätsstiftend. Da Denkmäler das kulturelle Gedächtnis einer Gesellschaft widerspiegeln (Menkovic 1999: 16), setzt sich der Betrachter mit der Identität der eigenen Gesellschaft und letztlich auch mit seiner eigenen Identität- weil er Teil der

Gesellschaft ist- auseinander. Dabei kommen verschiedenen Gedenkstätten auch unterschiedliche Aufgaben zu: während Kriegerdenkmäler und Soldatenfriedhöfe häufig noch die Grausamkeiten des Krieges verschleiern, konzentrieren sich Museen und Dokumentationszentren darauf, diese Seite durch sachliche Informationen aufzudecken. Ohne Meinungen vorzugeben, ist ihre Aufgabe, zum Nachdenken anzuregen und Informationen zu transportieren. Durch ritualisiertes Gedenken in Form von Kranzniederlegungen wird die gesellschaftliche Haltung gegenüber damaliger Verbrechen deutlich. Mit der Einrichtung von Gedenkstätten wird definiert, welche Ereignisse in der Geschichte erinnerungswürdig erscheinen und welche nicht.

Am Beispiel der Statue in Tallinn ist deutlich geworden, dass das kollektive Gedächtnis eine bedeutende Rolle spielt. Die Bedeutung der Statue für die Russen ist eine andere als für die Esten, da sie aufgrund der Geschichte für beide Völker mit jeweils unterschiedlichen Sinngebungen verknüpft ist. Hier lässt sich ein Problem erkennen, das für alle Gedenkstätten gilt: es reicht nicht aus, Gedenkstätten zu errichten, es muss gefragt werden, wie der Besucher erinnert. Wir befinden uns in einer Zeit, in der ehemalige Zeitzeugen zwar aussterben, die Archivierung und Dokumentation von geschichtlichen Fakten und Augenzeugenberichte scheinbar keinen Grenzen kennt. Indem wir uns mit Erinnerung beschäftigen kann dieses Wissen für die Zukunft angemessen transportiert werden.

7. Literatur

ASMUSS, B (1999): Zur Präsentation der NS- Geschichte im Deutschen Historischen Museum. Überlegungen zum Rezeptionsverhalten der Besucher im 21. Jahrhundert. In: Museen der Stadt Nürnberg (Hrsg.): Die Zukunft der Vergangenheit. Wie soll die Geschichte des Nationalsozialismus in Museen und Gedenkstätten im 21. Jahrhundert vermittelt werden?. Band 1. Nürnberg: 29- 42.

ENDLICH, S., T. LUTZ (1995): Gedenken und Lernen an historischen Orten. Ein Wegweiser zu Gedenkstätten für die Opfer des Nationalsozialismus in Berlin. Berlin.

KRAUSE- VILMAR, D. (2005): Missverstandene Gedenkstätten. Kassel.

LANDESZENTRALE FÜR POLITISCHE BILDUNG RHEINLAND- PFALZ (1995): Ausstellungskonzeption für das NS- Dokumentationszentrum Rheinland- Pfalz. Ingelheim.

MENKOVIC, B. (1999): Politische Gedenkkultur. Denkmäler- Die Visualisierung politischer Macht im öffentlichen Raum. Band 12. Vergleichende Gesellschaftsgeschichte und politische Ideengeschichte der Neuzeit. Wien.

PATZEL- MATTERN, K. (2002): Geschichte im Zeichen der Erinnerung. Subjektivität und kulturwissenschaftliche Theoriebildung. Band 19. Studien zur Geschichte des Alltags. Stuttgart.

PERITORE, S., F. REUTER (1999): Die ständige Ausstellung im Dokumentations- und Kulturzentrum Deutscher Sinti und Roma in Heidelberg. In: Museen der Stadt Nürnberg (Hrsg.): Die Zukunft der Vergangenheit. Wie soll die Geschichte des Nationalsozialismus in Museen und Gedenkstätten im 21. Jahrhundert vermittelt werden?. Band 1. Nürnberg: 207-219.

RUSSISCHE INFORMATIONS- UND NACHRICHTENAGENTUR NOVOSTI (30.04.2007). Estland: Sowjetisches Kriegsdenkmal wird am Montag auf Soldatenfriedhof aufgestellt. Autor unbekannt. Internet: http://de.rian.ru/postsowjetischen/20070430/64688525.html (30.05.2007).

NZZ ONLINE (28.04.2007). Sowjetisches Kriegsdenkmal aus Estlands Hauptstadt entfernt. Autor unbekannt. Internet: http://www.nzz.ch/2007/04/28/al/articleF516G-composite.html (30.05.2007).

RUSSISCHE INFORMATIONS- UND NACHRICHTENAGENTUR NOVOSTI (01.05.2007). Moskauer Oberbürgermeister ruft zum Boykott von Estland auf. Autor unbekannt. Internet: http://de.rian.ru/russia/20070501/64713269.html (30.05.2007).